Joana Diekmann

Spurenanreicherung von PCB aus wässriger Matrix durch Polysiloxan–basierte Extraktion und Large Volume Injection – GC/MS–Analyse

GRIN Verlag

Bibliografische Information der Deutschen Nationalbibliothek:

Die Deutsche Bibliothek verzeichnet diese Publikation in der Deutschen National-
bibliografie; detaillierte bibliografische Daten sind im Internet über http://dnb.d-
nb.de/ abrufbar.

Impressum:

Copyright © 2007 GRIN Verlag, Open Publishing GmbH
Druck und Bindung: Books on Demand GmbH, Norderstedt Germany
ISBN: 978-3-640-89244-0

Dieses Buch bei GRIN:

http://www.grin.com/de/e-book/170240/spurenanreicherung-von-pcb-aus-waessriger-
matrix-durch-polysiloxan-basierte

Fakultät für Chemie

Lehrstuhl Analytische Chemie

Bachelorarbeit

**Spurenanreicherung von PCB aus wässriger Matrix durch Polysiloxan –
basierte Extraktion und
Large Volume Injection – GC/MS – Analyse**

Joana Diekmann

Bochum, den 06.09.2007

Die experimentellen Arbeiten im Rahmen dieser Bachelorarbeit wurden zwischen dem 10.07.2007 und 05.09.2007 bei der Firma **Axel Semrau GmbH & Co. KG** in Sprockhövel durchgeführt.

Danksagung

Mein erster Dank gilt der Firma **Axel Semrau GmbH & Co. KG,** die mir die Möglichkeit gegeben hat, meine Bachelorarbeit in ihrem Unternehmen anzufertigen.

Besonders möchte ich mich bei Herrn Dr. Rüdiger Kohl für die fachkundige und tatkräftige Unterstützung bedanken.

Außerdem möchte ich ganz herzlich Herrn Dr. Peter Zinn für die Vergabe dieses Themas und die Betreuung meiner Arbeit danken.

Abkürzungsverzeichnis

BG	Bestimmungsgrenze
CI	Chemische Ionisation
EI	Elektronenstoß – Ionisation
eV	Elektronenvolt
GC	Gaschromatograph(ie)
HPLC	Hochleistungs – Flüssigkeits – Chromatographie
IS	Interner Standard
LVI	Large Volume Injection
Δm	Massenauflösung
MS	Massenspektrometrie / Massenspektrometer
m/z	Masse zu Ladungsverhältnis
NCI	Negative Chemische Ionisation
NWG	Nachweisgrenze
PCB	Polychlorierte(s) Biphenyl(e)
PDMS	Polydimethylsiloxan
POP	Persistente organische Schadstoffe
PTV	Temperaturprogrammierbare Injektion
R	Auflösungsvermögen
SBSE	Stir Bar Sorptive Extraktion
S/N	Signal zu Rausch Verhältnis
SIM	Single Ion Monitoring
SPE	Festphasenextraktion
SPME	Festphasenmikroextraktion
WLD	Wärmeleitfähigkeitsdetektor

Inhaltsverzeichnis

1. Einleitung

In den letzten Jahren wurde der Entwicklung und Anwendung schneller, effektiver und günstiger Analysenmethoden für organische Schadstoffe viel Aufmerksamkeit geschenkt. Dabei ist besonders auch für den Schutz der Menschen und der Umwelt die Erfassung derartiger Chemikalien in Grund- und Oberflächenwasser von fundamentaler Bedeutung. Von besonderer Relevanz ist die Analyse persistenter organischer Schadstoffen (POPs), da sie ein hohes toxisches Potential haben, schlecht abbaubar sind und sich daher gut in biologischen Organismen anreichern können. Dabei konnte mit konventionellen Methoden meist nur der Gesamtgehalt von Schadstoffen in der Matrix analysiert werden. Auch die extreme Spurenanalyse von Substanzen war bei herkömmlichen Verfahren oft problematisch.

Als historisches Beispiel, welches die Toxizität sowie die ökologische Problematik der POPs und insbesondere der Polychlorierten Biphenyle (PCB) widerspiegelt, sind die Massenvergiftungen mit PCB – verunreinigten Lebensmitteln (Yusho, Japan 1968 und Yu Cheng, Taiwan 1979). Dabei floss in einer japanischen Lebensmittelfabrik aus einer Kühlanlage bei der Raffinade flüssiges PCB in einen Reisöltank. Das vergiftete Reisöl gelangte dann in den Handel und wurde dem Tierfutter beigemischt und als Lebensmittel verkauft. Zunächst starben mehrere tausend Tiere. Kurz darauf zeigten sich auch beim Menschen erste Vergiftungssymptome, die später als Yusho – Krankheit bekannt wurde. Diese Vorfälle gaben den entscheidenden Anstoß, sich mit den vielfältig eingesetzten PCB auch ökotoxikologisch zu befassen. Es entstanden analytische Methoden, um die Schadstoffe qualitativ und quantitativ nachzuweisen [9].

Der Fokus bei diesen Analysemethoden, die hauptsächlich auf einer Extraktion mittels polysiloxanmodifizierter Festphasen basieren, ist vor allem seit einigen Jahren auf einen reduzierten Lösungsmittelverbrauch und auf möglichst weit reichende Automatisierung gerichtet. Dabei wird als Extraktionsmaterial am häufigsten Polydimethylsiloxan (PDMS) verwendet. Die chemischen Vorgänge dieser Analysen verlaufen über eine Absorption der Analyten in das Polymermaterial. Im Gegensatz zu den Adsorptionsprozessen, wie bei einer Festphasenextraktion (SPE), ist der Absorptionsprozess schwächer. Daher sind die Bedingungen der Rückextraktion bzw. der Desorption der Analyten milder. Es werden zum Beispiel geringere Temperaturen und kürzere Desorptionszeiten verwendet. Andere wichtige Vorteile der Verwendung von PDMS sind die hohe Stabilität gegenüber Wasser, welches nicht aufgenommen wird, hohen Temperaturen und einem breiten Spektrum organischer Lösungsmitteln [4].

Zur anschließenden Analyse der Schadstoffe stehen verschiedene Verfahren zur Verfügung. Hier sei vor allem die Gaschromatographie (GC) genannt, die, gekoppelt mit einem leistungsfähigen Detektor wie dem Massenspektrometer (MS), zu den empfindlichsten und gleichzeitig selektivsten Analysenverfahren zählt. Die Analyse der Extrakte kann aber auch mit der Hochleistungs – Flüssigkeits – Chromatographie (HPLC) durchgeführt werden [4].

Für die Anwendung eines GC/MS – Systems müssen sich die zu analysierenden Verbindungen unzersetzt oder reproduzierbar zersetzt im Injektor des GC verdampfen lassen. Die Proben können mit unterschiedlichen Methoden für die instrumentelle GC/MS – Bestimmung vorbereitet werden. Dabei werden Methoden genutzt, welche die zu untersuchenden Substanzen möglichst selektiv und quantitativ von der in hohem Überschuss vorhandenen Matrix trennen und dabei aufkonzentrieren. Die beiden häufigsten Methoden der Analytaufkonzentrierung sind die Thermodesorption und die Rückextraktion. Bei der Thermodesorption werden die mit dem Analyten beladenen Silikonstäbe in ein leeres Thermodesorptionsröhrchen transferiert und die Analyten durch hohe Temperaturen ausgetrieben. Dies ist eine komplett lösungsmittelfreie Anreicherungstechnik. Bei der anderen Variante wird eine Rückextraktion mit kleinen Lösungsmittelmengen (ca. 100 µL – 500 µL) durchgeführt. Für beide aufgeführten Methoden ist die GC/MS als Analyseverfahren ideal [2].

Die letztere Methode, die auf der Extraktion und anschließender GC/MS – Analyse basiert, wird im Rahmen dieser durchgeführten Arbeit näher besprochen und durchgeführt.

2. Aufgabenstellung

Der Schwerpunkt dieser Bachelorarbeit sollte auf einer effektiven Extraktion von PCB aus wässriger Matrix mittels preisgünstiger Polysiloxanschläuche liegen. Die qualitative und quantitative Erfassung sollte durch eine Large Volume Injection (LVI) – GC/MS – Analyse erfolgen. Bei der Durchführung dieser Spurenanreicherung wird das Verfahren der Rückextraktion, welches in der Einleitung bereits kurz beschrieben wurde, angewendet.

Ziel dieser Arbeit ist es, eine Methode zu entwickeln, die eine Alternative zu kostenintensiven Möglichkeiten (z.B. Stir Bar) bietet. Diese neue Variante soll eine preisgünstige Alternative darstellen, da für die Analyse keine speziellen Geräte benutzt werden müssen, die zusätzlich Kosten verursachen.

Bei der Methodenentwicklung sollte ein Standardmix an PCB verwendet werden. Nachdem die Retentionszeiten der einzelnen, über die Massenspektren, identifizierten PCB bestimmt worden sind, sollten diese per LVI analysiert werden. Die Optimierung der GC/MS – Methode sollte an Hand der verschiedenen Abblaszeiten im Injektor und verschiedener Ionisierungsmodi durchgeführt werden. Die Abblaszeit soll dabei so kurz wie möglich sein. Die unterschiedlichen Arten der Ionisierung, auf der einen Hand eine „harte" Elektronenstoß – Ionisation (EI) und auf der anderen Hand eine „weiche" Chemische – Ionisation (CI), sollen zeigen, welche für den PCB – Mix am besten geeignet ist. Zur Optimierung der Extraktion sollten verschiedene Schlaucharten getestet werden. Dabei sollten zwei Hochtemperaturschläuche, unterschiedlicher Provenienz getestet werden, zum einen als Massenprodukt der Firma OBI und zum anderen als Spezialprodukt der Firma Reichelt (Chemietechnik).

Nach der Methodenoptimierung sollten die Extraktion und die LVI aufeinander abgestimmt sein. Die Bestimmung der Kalibrierkurven und die Abschätzung der Nachweisgrenze (NWG) sollten mit der Mehrpunkt – Kalibration und einem externen Standard durchgeführt werden und zur Validierung des Verfahrens diskutiert werden.

3. Theoretische Grundlagen

3.1 Polychlorierte Biphenyle (PCB)

Poly**c**hlorierte **B**iphenyle (PCB) gehören zur Stoffklasse der aromatischen, organischen Chlorverbindungen und bilden eine Gruppe von 209 möglichen stellungsisomeren Einzelverbindungen (Kongenere).

Das Grundgerüst der PCB bilden zwei kovalent miteinander verbundene Phenylringe, die in Ortho –, Meta – und Para – Positionen mit Chloridionen substituiert sein können (s. Abb. 1).

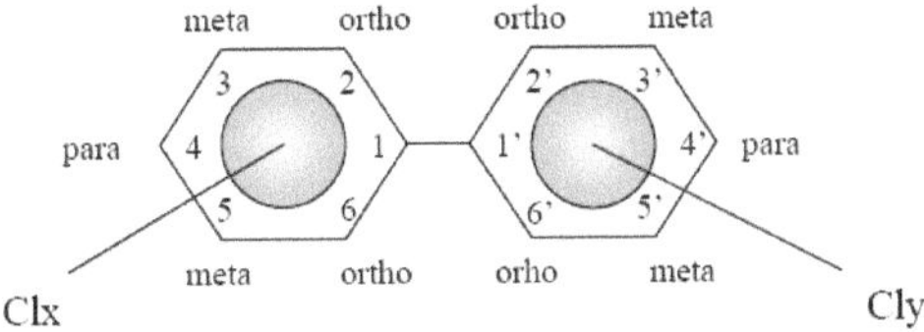

Abb. 1: Grundgerüst sowie Nummerierung der Substitutionsstellen der PCB [7]

Die allgemeine chemische Formel für PCB lautet $C_{12}H_{10-n}Cl_n$, wobei n die Anzahl der Chloratome angibt. Es gibt Mono- bis Dekachlorbiphenyle. Seit 1980 existiert neben der Nomenklatur der IUPAC, eine weitere nach Ballschmiter und Zell, die jedem Kongener eine Nummer gibt (s. Tabelle 1) [7].

PCB-Nr.	Struktur
101	2,2',4,5,5'-Pentachlorobiphenyl
123	2,3',4,4',5-Pentachlorobiphenyl
138	2,2',3,4,4',5'-Hexachlorobiphenyl
153	2,2',4,4',5,5'-Hexachlorobiphenyl
180	2,2',3,4,4',5,5'-Heptachlorobiphenyl

Tabelle 1: Nomenklatur nach Ballschmiter und Zell sowie nach IUPAC

3.1.1 Physikalische und chemische Eigenschaften

Wichtige Eigenschaften der PCB sind die ausgesprochen hohe Lipophilie (nur sehr geringe Wasserlöslichkeit, aber leicht löslich in unpolaren organischen Lösungsmitteln), der hohe Flammpunkt (170-380 °C), die hohe Beständigkeit gegenüber thermischem und chemischem Abbau, die geringe elektrische Leitfähigkeit und die sehr hohe Wärmeleitfähigkeit. Im Einzelnen hängen diese Eigenschaften aber von dem jeweiligen Chlorierungsgrad ab, wodurch diese Verbindungsklasse industriell und technisch vielfältig nutzbar ist [7].

3.1.2 Vorkommen und Verwendung

Organische Umweltchemikalien wie die PCB gelangen auf vielfältigen Wegen in die Umwelt und sind inzwischen weit verbreitet. Zum Zeitpunkt ihrer Emission in die Umgebung ist meistens nur ein Umweltkompartiment betroffen. Aufgrund der Stoffeigenschaften und der verschiedenen Transportprozesse wird sich die Chemikalie jedoch nachfolgend in unterschiedlichen Konzentrationen und Kompartimenten (z.B. Nahrungskette, Wasser, Boden und Luft) verteilen. Als typische Vertreter der Gruppe der POPs reichern sich die PCB aufgrund ihrer hohen Lipophilie bevorzugt in der Nahrungskette an. So werden sie auch im Organismus des Menschen hauptsächlich im Fettgewebe, in der Leber und in der Haut gespeichert [7].

Bis 1983 wurden PCB in der Bundesrepublik in großtechnischem Maßstab hergestellt. Sie dienten unter anderem als Hydraulikflüssigkeit, Schmiermittel, organische Lösungsmittel, Verdünner, Weichmacher in Kunststoffen (Deckenverkleidungen, Kabelummantelungen, etc), Klebstoff, Wärmeleitflüssigkeit, Flammschutzmittel in Wandfarben oder als dielektrische Flüssigkeit in Kondensatoren und Transformatoren. Seit 1989 sind die Herstellung, das Inverkehrbringen und die Verwendung von PCB nach Erkenntnissen aus Toxizitätsstudien von Labortieren und den PCB – Kontaminationen (Yusho, Japan 1968 und Yu Cheng, Taiwan 1979) bis auf wenige Ausnahmen verboten. Neben chronischen toxischen Wirkungen (Chlorakne, Haarausfall und Hyperpigmentierungen) werden den PCB heute fetale Missbildungen, mentale Entwicklungsverzögerung, schwere Organschäden sowie Feminisierungen männlicher Tiere mit der Folge geringerer Fertilität zugeschrieben. Des Weiteren wirken sie mutagen sowie kanzerogen [8].

3.1.3 Analysenmethoden in Umweltproben

Die bekannteste Technik für Schadstoffanalysen, bei der PDMS als Extraktionsmaterial dient, ist neben der vielseitig verwendeten SPE die **Festphasenmikroextraktion (SPME).** Das Prinzip der SPME besteht in der Anreicherung von Analyten auf einer Polymer – beschichteten Quarzglasfaser direkt aus der Probe oder aus deren Gasphase (Headspace). Die angereicherten Analyten werden entweder durch Thermodesorption in einem GC – Injektor oder durch eine geringe Lösungsmittelmenge von der Faser desorbiert. Durch die Möglichkeit, die Faser auch direkt vor Ort zum Beispiel im Flusswasser auszusetzen, stellt die SPME – Technik eine Kombination aus Probenahme, Extraktion und Anreicherung dar [10]. 1999 wurde eine verwandte Extraktionstechnik entwickelt, die ebenfalls PDMS als Extraktionsmaterial benutzt, die **Stir Bar Sorptive Extraktion (SBSE).** Bei dieser Methode wird ein magnetischer Rührstab verwendet, der mit einer PDMS – Schicht ummantelt ist. Dieser wird in der flüssigen Probe exponiert, wobei das Extraktionsprinzip dem der SPME entspricht. Dabei handelt es sich um ein Mehrphasensystem, bei dem sich das Gleichgewicht zwischen der Probenphase und der PDMS – Schicht einstellt. Der entscheidende Unterschied zwischen beiden Methoden liegt in dem benutzten Polymervolumen. Wohingegen das Extraktionsvolumen bei der SPME bei 0,5 µL und 7 µL liegt, werden bei der SBSE Volumina zwischen 25 µL und 220 µL verwendet, also bis zum 100fachen höher. Diese größeren Volumen sind auch mit einer höheren Extraktionskapazität, also Empfindlichkeit, verbunden, sodass sich die Analyten stärker anreichern können und somit häufig geringere Konzentrationen als bei der SPME bestimmbar sind [11].

Die Rührstäbe für die SBSE sind kommerziell unter der Bezeichnung „Twister" (Gerstel, Mühlheim, Deutschland) erhältlich (s. Abb. 2). Sie sind zwar sehr vielseitig einsetzbar, aber die gesamte Methode ist mit hohen Kosten verbunden, da zusätzliche Proben-vorbereitungsapparaturen für den Twister benötigt werden.

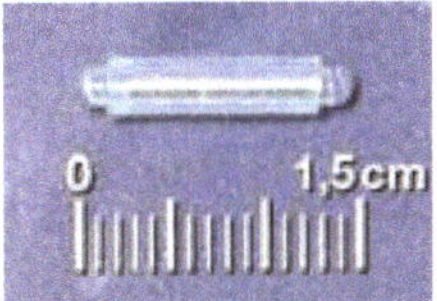

Abb. 2: Gerstel Twister [12]

In den letzten Jahren konnte die Methode für verschiedene Anwendungen (z.B. PCB in Umweltproben oder in der Lebensmittelchemie) benutzt werden. Der Twister besteht aus einem magnetischen Kern, der in Glas versiegelt ist und mit reinem PDMS beschichtet ist. Dieser wird dann für eine bestimmte Zeit (1 Stunde bis 12 Stunden) in der Probe gerührt und dann mittels Thermodesorption oder mittels Lösungsmittel desorbiert (s. Abb. 3) [12].

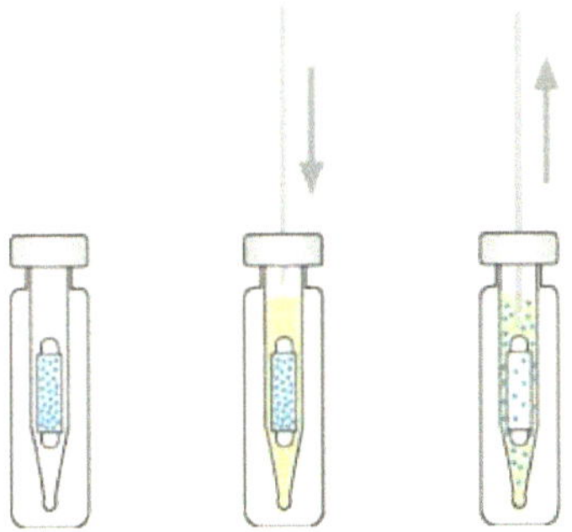

Abb. 3: Rückextraktion der Analyten vom Twister [12]

Da die Twister – Extraktion bei polaren Verbindungen schwierig ist, wurde ein neuer „Stir Bar" entwickelt, der aus einem PDMS – Schlauch besteht, welcher mit Sorbensmaterial gefüllt wird. Die Extraktion erfolgt dann auf einer automatischen Schüttelmaschine für eine definierte Zeit, ähnlich der Extraktion mit einem preisgünstigen Polysiloxanschlauch, die in dieser Arbeit als Alternative untersucht wird [11].

3.2 GC/MS – Methode

3.2.1 Apparative Grundlagen der GC/MS

Die **GC/MS**, eine Kopplung aus der Gaschromatographie (GC) und der Massenspektrometrie (MS), stellt ein sehr leistungsstarkes Verfahren zur Analyse organischer Stoffgemische dar (s. Abb. 4). Dabei trennt der Gaschromatograph die verdampfbaren oder gasförmigen Substanzen auf, während das Massenspektrometer sie identifiziert und quantifiziert. Es können also nicht nur kleinste Substanzmengen nachgewiesen, sondern gleichzeitig qualitativ zugeordnet werden. Die MS dient daher als GC – Detektor und wird wegen ihrer hohen Empfindlichkeit und der schnellen Registriergeschwindigkeit routinemäßig sehr häufig eingesetzt [3].

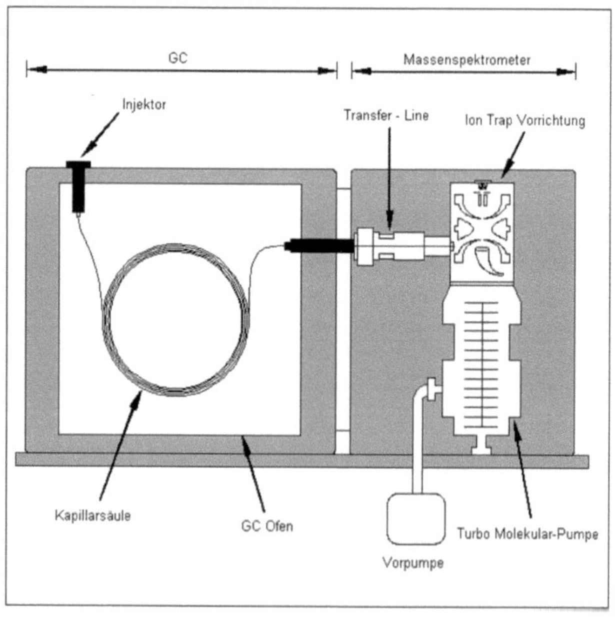

Abb. 4: Schematische Darstellung einer GC/MS – Anlage [1]

Der **GC** besteht aus drei wesentlichen Bauteilen, dem Injektor, der Trennsäule im GC – Ofen und dem Detektor (hier: MS). Nach der Injektion (s. Abschnitt 3.2.5.) erfolgt die Auftrennung der gasförmigen Substanzgemische in der Trennsäule, einer Quarzglaskapillare, die einen bestimmten Innendurchmesser hat und mit einer definierten stationären Phase ausgekleidet ist. Die chromatographische Auftrennung erfolgt meistens mittels der unterschiedlichen Siedepunkte der einzelnen Substanzen und ggf. durch die polaren Wechselwirkungen mit der stationären Phase. Ihre Trennung beruht auf den unterschiedlichen Verteilungen der zu trennenden Stoffe zwischen der stationären und der mobilen Phase. So durchlaufen leichtflüchtige Stoffe im Trägergas die Säule schneller als schwerflüchtige Substanzen [13].

Als mobile Phase wird dabei ein Inertgas verwendet, welches als Trägergas durch die Säule geleitet wird. Typische Trägergase sind Wasserstoff (H_2), Helium (He) und Stickstoff (N_2). Die Van Deemter – Gleichung liefert folgende Abhängigkeiten [1]:

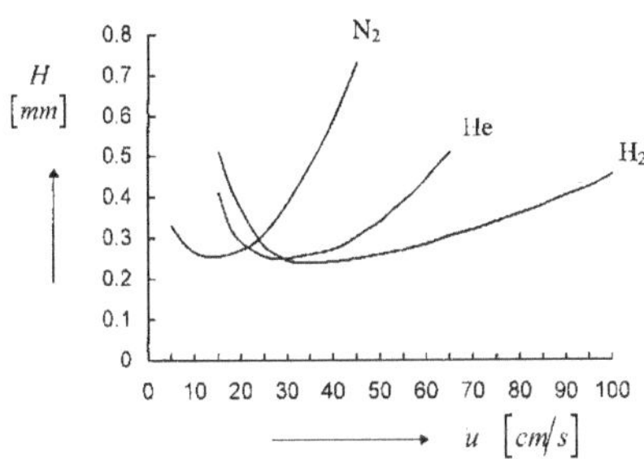

Abb. 5: Einfluss des Trägergases auf das Trennvermögen in Abhängigkeit von der Geschwindigkeit [1]

Wasserstoff eignet sich am besten als Trägergas, da auch bei höheren Strömungs-geschwindigkeiten die Trenneffizienz nahezu konstant bleibt. Wenn H_2 aus Sicherheits-gründen ausscheidet, wird auf Grund des geringen Gefährdungspotentials Helium verwendet, da es im Vergleich zu Stickstoff eine bessere Trennleistung aufweist [1].

Die **MS** ist die Analysentechnik, mit der die Masse isolierter Ionen bestimmt wird. Bei dieser Methode werden die Analyten durch die beheizte Transferline in die Ionenkammer des Massenspektrometers überführt und dort ionisiert (s. Abschnitt 3.2.3). Die entstehenden Molekül- bzw. Fragmentionen werden dann nach m/z getrennt und der Ionenstrom in ein elektrisches Signal umgewandelt. Die Auftrennung nach der Masse in Abhängigkeit von der Ladung erfolgt im Massenanalysator. Dabei werden in der GC/MS und der hochauflösenden MS derzeit hauptsächlich drei unterschiedliche Arten, der Quadrupol, die Ion – Trap und das Flugzeitmassenspektrometer eingesetzt (s. Abb. 6) [3].

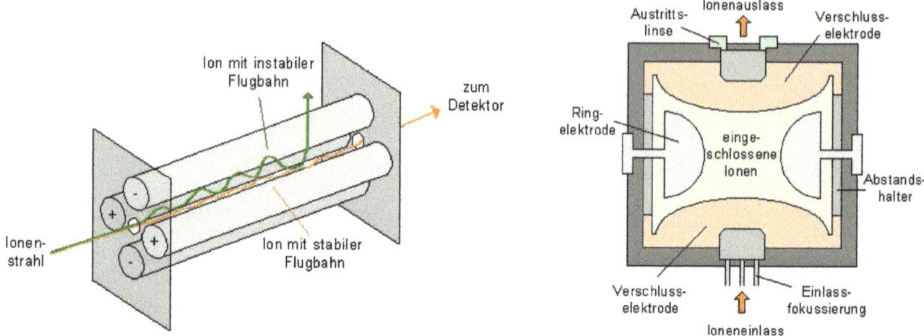

Abb. 6: Schematische Darstellung eines Quadrupol und einer Ion – Trap [2]

Welcher Massenanalysator für eine Aufgabe ausgewählt wird, hängt von dem entsprechenden analytischen Problem ab.

Bei der vorliegenden Arbeit wurde ein **Quadrupol – Massenspektrometer** verwendet. Die entstandenen Ionen aus der Ionenquelle werden durch verschiedene Blenden, an denen Potentiale angelegt werden, in Richtung des Massenfilters beschleunigt und zu einem scharfen Ionenstrahl fokussiert. Der Ionenstrahl wird über ein Linsensystem in einen gebogenen Vorfilter – Quadrupol geleitet, sodass neutrale Teilchen aus der Quelle nicht in den Detektor gelangen und dort Rauschen verursachen. Dieser Vorfilter verhindert des Weiteren eine Verschmutzung des Haupt – Quadrupols und verbessert die Transmission der hohen Massen. Ein Quadrupol besteht aus vier parallel im Quadrat angeordneten Metallstäben, wobei jeweils an die beiden gegenüberliegenden Stäbe eine Gleichspannung und eine hochfrequente Wechselspannung angelegt sind. Das Vorzeichen der Gleichspannungsquelle ist für jeweils ein Stabpaar umgekehrt, während die Wechselspannung eine Phasenverschiebung aufweist. Wäre nur die Gleichspannung vorhanden, würden alle Ionen abgelenkt werden und nach einer entsprechenden Distanz an die Stäbe stoßen. Dort findet eine Entladung der Ionen statt. Mit der zusätzlichen Wechselspannung wird nun erreicht, dass nur Ionen mit einem bestimmten m/z – Verhältnis so um die Längsachse des Quadrupols oszillieren, das sie ihn auch verlassen können. Durch das Verändern der Gleich- und Wechselspannung können so nur Ionen mit einem bestimmten m/z – Verhältnis den Quadrupol passieren und selektiv detektiert werden. Auf diese Weise können nun verschiedene Massenspektren, entweder von allen (Full Scan), oder nur von speziellen Ionen (SIM), erzeugt werden. Die Vorteile des Quadrupols sind das günstige Preis/Leistungsverhältnis, die einfache Handhabung, eine gute Reproduzierbarkeit sowie eine hohe Empfindlichkeit bei der Aufnahme einzelner Ionen – Spuren (SIM) [1-3].

3.2.2 Auflösungsvermögen

Damit Ionen unterschiedlicher Masse getrennt voneinander registriert werden können, dürfen sich ihre Peaks nur wenig, am besten gar nicht, überlappen. Bei der Auflösung handelt es sich also um die kleinste Massendifferenz, die ein Molekülion der Molmasse m von einem Ion der Masse m + Δm besitzen muss, um noch als getrenntes Signal registriert zu werden. In der MS wird normalerweise die 10 % Taldefinition verwendet, bei der die Höhe des Tals zwischen zwei gleich großen Signalen nicht mehr als 10 % der Peakhöhe ausmachen darf (s. Abb. 7).

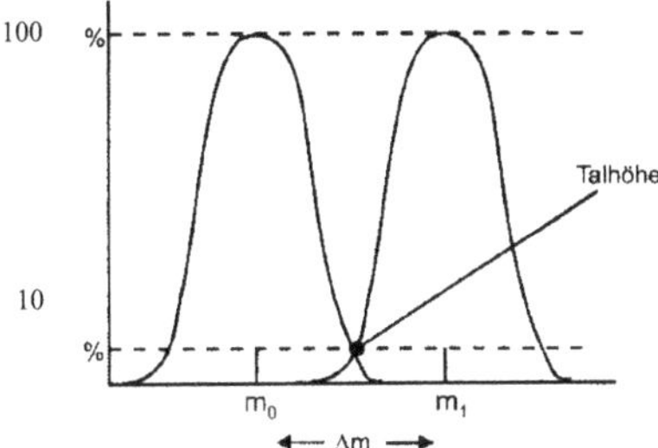

Abb. 7: Auflösung von zwei Massenpeaks nach 10 % Taldefinition [14]

Das Auflösungsvermögen (R) wird durch den Quotienten aus einer Masse zum Massenunterschied der nächsten, noch getrennt erscheinenden Masse (R = m/Δm) definiert. Dabei ist m der Mittelwert zweier gerade aufgelösten Massen [2].

Quadrupole (R $\leq$ 3000) registrieren mit Einheitsmassenauflösung, sodass die Formel für R keine aussagekräftigen Zahlen liefert und daher nicht angewendet werden kann [3].

3.2.3 Ionisierungsmethoden

Das Aussehen der entstehenden Massenspektren hängt entscheidend von den verschiedenen Ionisierungsprozessen ab. In der GC/MS werden Gasphasenionenquellen verwendet, da die Substanzen erst dann ionisiert werden, wenn sie gasförmig sind, also aus der GC – Trennsäule kommen. Des Weiteren werden die Ionisierungsmethoden nach hart (sehr energiereich) und weich (energiearm) eingestuft [14].

Die **Elektronenstoß – Ionisation (EI)** ist ein klassischer, harter Ionisierungsmodus. Bei der Ionenquelle wird senkrecht zum Molekülstrom der Probe ein Elektronenstrahl von einer Glühkathode zu einer Anode beschleunigt. Die Elektronen besitzen dabei eine kinetische Energie von 70 eV. Dies führt zu sehr gut reproduzierbaren Spektren, da die Ionenausbeute in

Abhängigkeit von der Elektronenenergie zwischen 50 eV und 100 eV ein flaches Maximum durchläuft (s. Abb. 8).

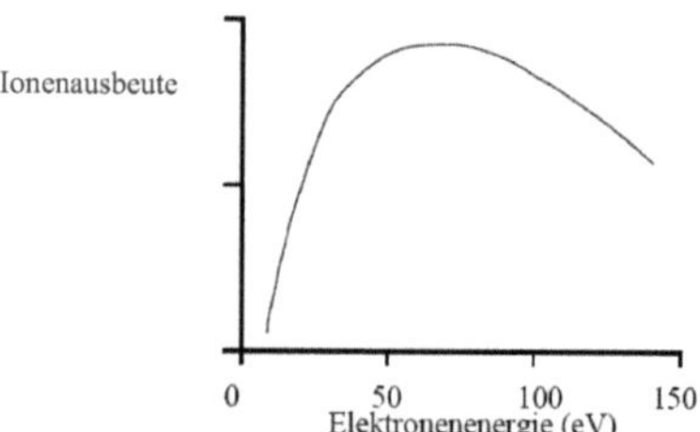

Abb. 8: Ionenausbeute als Funktion der Elektronenenergie in der EI [1]

Die Wechselwirkungen der Elektronen mit den Probemolekülen führen zu Ionisierungen und somit zu einfach oder mehrfach geladenen Molekülionen. Bei der vollständigen Übertragung der ursprünglichen Energie des Elektrons (70 eV) in kinetische Energie des Molekülions ($AB^{\cdot+}$) entstehen 6744 kJ/mol, siehe nachfolgende Rechnung [14]:

$$E_{kin} = z \cdot e \cdot E_{e-} \cdot N_A$$

$$\mathbf{E_{kin} = 6744 \ kJ/mol}$$

z = Anzahl der Elementarladungen
e = Elementarladung ($1,6 \cdot 10^{-19}$ C)
E_{e-} = Energie des Elektrons (hier: 70 eV)
N_A = Avogadro – Konstante ($6,02 \cdot 10^{23}$ mol^{-1})

Die Kurve in Abbildung 8 zeigt in den niedrigen Energiebereichen nur eine sehr geringe Ionenausbeute. Wenn die Elektronen eine zu geringe Energie besitzen, sind diese nicht in der Lage, das Molekül zu ionisieren. Erst ab einem bestimmten Schwellenwert, bei etwa 10 eV werden die Ionisierungsenergien überwunden, und die Molekülionen entstehen. Da die Bindungsenergie einer C – C – Bindung bei nur ca. 200 – 600 kJ/mol liegt, kommt es bei der Ionisierung mit Elektronen, die einen größeren Betrag ihrer Energie (70 eV) übertragen, zu Fragmentierungsreaktionen. Die überschüssige Energie wird in dem Ion zum Teil gespeichert und kann dann zum Auseinanderbrechen des Ions in Fragmente führen [2]:

Ionisierung	$AB + e^- \rightarrow AB^{\cdot+} + 2e^-$
Fragmentierung	$AB^{\cdot+} \rightarrow A^+ + B^{\cdot}$
	$AB^{\cdot+} \rightarrow A^{\cdot+} + B$

Die Massenspektren geben Art und Häufigkeit der Fragmente an und sind direkt aus dem Linienspektrum entnehmbar. So werden viele Strukturinformationen und Rückschlüsse auf funktionelle Gruppen erhalten. Der Nachteil der EI – Massenspektroskopie ist das mögliche Fehlen des Molekülion – Peaks, da nur wenige Stoffe dominante M^+ – Ionen bilden (z.B. PCB, Dioxine) [3].

Die Ionenquelle der **Chemischen Ionisation (CI)** ähnelt der EI, außer dass die Ionisation durch Kollision mit energiereichen Molekülionen und nicht mit Elektronen erfolgt. Die zu analysierende Substanz wird mit einem großen Überschuss (Verhältnis von ca. 1000 zu 1) eines Reaktandgases, oft Methan, welches durch Elektronenbeschuss ionisiert wird, in der Ionenkammer vereint. Über Kollisionen der so entstandenen energiereichen Reaktandgasionen erfolgt die Ionisation. Dabei entscheidet das Vorzeichen, der an der Ionenquelle angelegten Spannung, ob positive oder negative Ionen registriert werden. Die Bildung negativer Ionen bei der Negativen Chemischen Ionisation (NCI) erfolgt über sekundäre Elektronen (e_s^-), die durch Kollision entstehen und eine sehr niedrige thermische Energie besitzen. Diese können dann von Molekülen mit genügend hoher Elektronenaffinität aufgenommen werden [1].

Dissoziativer Elektroneneinfang	$AB + e_s^- \rightarrow A^{\bullet} + B^-$	$AB^- = $ Reaktandgas
Elektronenanlagerung	$AB + e_s^- \rightarrow AB^-$	
Protonenübertragung	$MH + X^- \rightarrow M^- + HX$	$X^- = AB^- \, ; \, B^-$
Ionenadduktbildung	$M + X^- \rightarrow MX^-$	$MH, M = $ Probenmolekül

Die CI – Spektren sind aufgrund der geringeren Energieübertragung vom Reaktandgas auf das Analytmolekül deutlich weniger fragmentiert als die EI – Spektren (s. Abb. 9). Daraus resultiert der Nachteil dieser Ionenerzeugung, da die erhaltenen Strukturinformationen nur beschränkt sind. Der Vorteil dieser Ionisierungsart aber liegt in der Detektierbarkeit eines so genannten Quasi – Molekülionen – Peaks im Gegensatz zur EI [14].

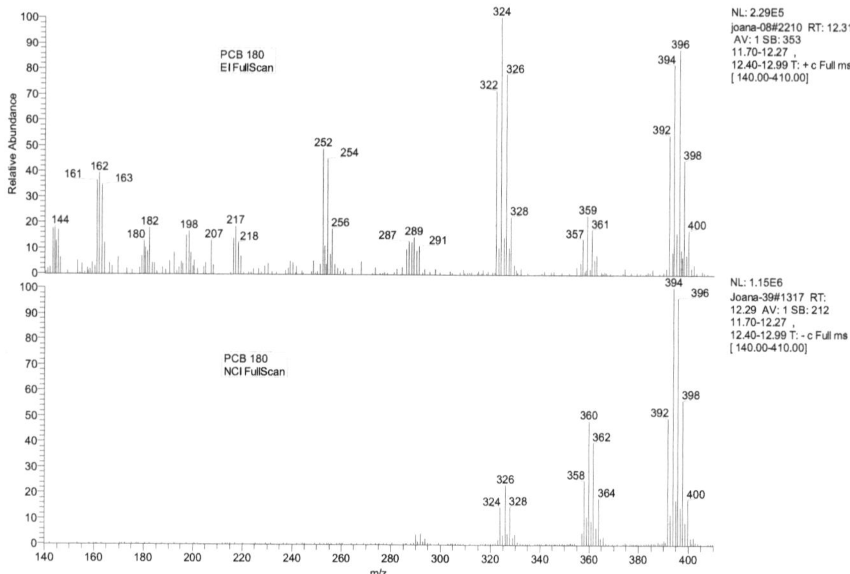

Abb. 9: Spektrenvergleich der EI – und NCI – Ionisation

Der Einsatz der chemischen Ionisation ist also hilfreich, wenn es um die Bestätigung oder Ermittlung von Molekülen geht. Bei der Analyse von PCB, die einen hohen Chlorierungsgrad besitzen, ist die NCI das Mittel der Wahl. Durch ihre hohe Elektronenaffinität können diese mit großer Empfindlichkeit nachgewiesen werden [2].

<u>3.2.4 Scan – Techniken</u>

Bei der Datenaufnahme in der GC/MS besteht die Möglichkeit zwischen der Aufnahme eines Spektrenbereiches (Full – Scan) und der Registrierung einzelner Massen (SIM) zu unterscheiden. Da in der Spurenanalytik mit sehr geringen Mengen gearbeitet wird, werden Analysatoren, welche die Ionen empfindlich registrieren, benötigt. Quadrupole verwenden daher die SIM – Methode um eine ausreichende Empfindlichkeit zu erzielen [3].

Der **Full – Scan** liefert ein vollständiges Massenspektrum, sodass die Retentionszeiten von allen vorhandenen Komponenten ermittelt werden können und die Identifizierung durch einen Spektrenvergleich durchgeführt werden kann. Dabei wird jede Masse in dem gewählten Massenbereich einmal kurzzeitig gemessen, während alle anderen Ionen ausgeblendet werden. Der gewählte Massenbereich beeinflusst auch die Scanrate (Scans/s), sodass dieser genau eingestellt werden muss. Dabei ist eine hohe Scanrate ausschlaggebend für die richtige Erfassung schmaler und scharfer Kapillarpeaks. Bei einer zu geringen Anzahl an Scans führt es zu einer Verzerrung des GC – Peaks und somit zu einem Verlust der Auflösung und der Peakflächengröße. Vollständige Massenspektren werden daher hauptsächlich zur Identifizierung, auch unbekannter Stoffe, eingesetzt [2].

Für die Durchführung einer selektiven Ionenregistrierung wird die **SIM – Methode** verwendet. Dabei werden einzelne, für den Stoff spezifische Massen (oft 3 – 4 Massen pro Substanz) ausgewählt und nur diese gescannt. Dies führt dazu, dass das Massenspektrometer eine längere Messzeit pro Masse hat. Zur Messung einer SIM – Masse scannt der Quadrupol, gegenüber dem Full Scan, eine Masse bis zu 100fach länger. Dies führt zu einer Verbesserung der NWG, was an dem proportionalen Verhalten ($\sqrt{}$ – Funktion) der Empfindlichkeit zur effektiven Messzeit liegt. So steigt die Empfindlichkeit bei der SIM – Methode in der Praxis um den Faktor $\sqrt{100}$ an (theoretisch Faktor 100). Da bei dieser Aufnahme einzelner Massen auch nur diese im Spektrum später erscheinen, reduzieren sich aber auch die strukturellen Informationen, die daraus zu gewinnen sind. Eine Zuordnung über Spektrenvergleich ist so sehr schwierig. Die Hauptanwendung der SIM – Methode ist daher ein empfindlicher Nachweis und die Quantifizierung in der Spurenanalytik [2, 3].

<u>3.2.5 Injektionsmethoden</u>

Besonders an die Probenaufgabe sind vor allem bei der Kapillarsäulen – GC hohe Anforderungen gestellt. So müssen geringe Probemengen möglichst vollständig und schnell in die Trennsäule überführt werden.

Durch die höheren Anforderungen an die Nachweisstärke in der Spurenanalyse wurde die Splitless – Methode entwickelte. In Folge dieser Entwicklung verlangt die Injektion größerer Probenvolumina eine zusätzliche Abtrennung großer Mengen an Lösungsmittel, noch bevor die Substanzen auf die Kapillarsäule kommen. Diese haben im Gegensatz zu gepackten Säulen einen offenen Längskanal, sodass ihre Permeabilität größer ist. Heute werden fast ausschließlich dünnwandige Fused – Silica – Kapillaren verwendet [6].

Die Injektion größerer Probenvolumina (> 50 µL) ist eine interessante Möglichkeit um die Nachweisgrenzen der Kapillartechnik zu verbessern. So kann die Nachweisstärke der analytischen Messungen mit der LVI deutlich verbessert werden. Weitere Vorteile einer großvolumigen Injektion sind die Vereinfachung der Probenvorbereitung (Eliminierung von Konzentrierungsschritten) und die Möglichkeit der Probenvorlagenreduzierung. Dadurch dient die LVI als Grundlage vieler automatisierter Probenvorbereitungsverfahren [6].

Um eine LVI durchzuführen, gibt es verschiedene Methoden. Die in dieser Arbeit durchgeführte Technik basiert auf der Injektion in einen programmier-, heiz- und kühlbaren

Injektor, dem PTV – Injektor (s. Abb. 10). Dieser ist so aufgebaut, dass sowohl Split – und Splitless – Injektionen durchgeführt werden können. Dabei liegt das Prinzip bei den meisten Möglichkeiten entweder im Abblasen oder Eliminieren des Lösungsmittels, wobei dieses im Liner verdampft und anschließend durch einen Splitausgang aus dem Injektor geleitet wird [5].

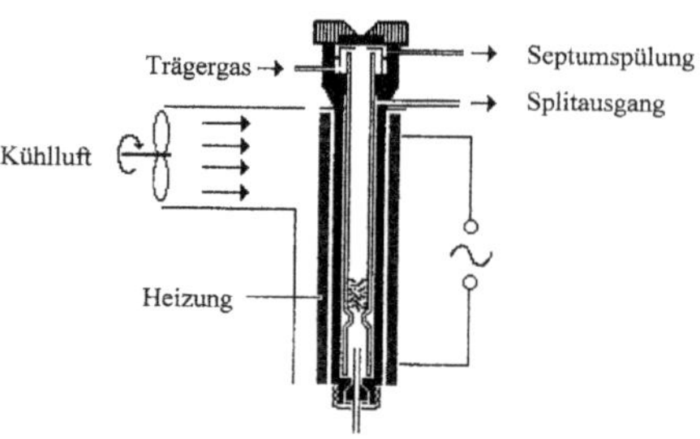

Abb. 10: Luftgekühlter PTV – Injektor [1]

Bei dem *Direkt – Verfahren* ist der verwendete Liner mit Packungsmaterial (z.B. Glaswolle) gefüllt. Die Probe wird sehr schnell, innerhalb weniger Sekunden, in den Liner injiziert und die Nadel dann wieder herausgezogen. Die Temperatur während der Injektion ist knapp unterhalb des Lösungsmittelsiedepunktes. Sofort nach der Injektion wird sich die flüssige Probe als dünner Film auf das Packungsmaterial legen. Während und kurz nach der Probeneinführung ist der Split geöffnet und ein hoher Gasstrom fließt durch den Injektor. Der größte Teil des Lösungsmittels kann so den Liner verlassen, und nur ein geringer Teil (0,5 % bis 1 %) wird in die Säule transferiert. Aufgrund des hohen Trägergasstroms fängt der Probenfilm an zu verdampfen und Energie wird entzogen. So wird dort, wo die Verdampfung stattfindet, eine kühle Zone erzeugt. In diesem Bereich findet eine Aufkonzentrierung der Komponenten auf dem Packungsmaterial statt. Kurz bevor die gesamte Flüssigkeit verdampft ist, wird der Split geschlossen und der Injektor so hoch aufgeheizt, sodass die verbleibenden Stoffe nun verdampfen. Nun werden alle Substanzen im Splitless – Modus auf die Säule transferiert (s. Abb. 11). Am Ende der Injektion wird der Split üblicherweise wieder geöffnet, um den Injektor frei zu spülen und für die nächste Analyse per Gebläse oder Pressluft zu kühlen [5].

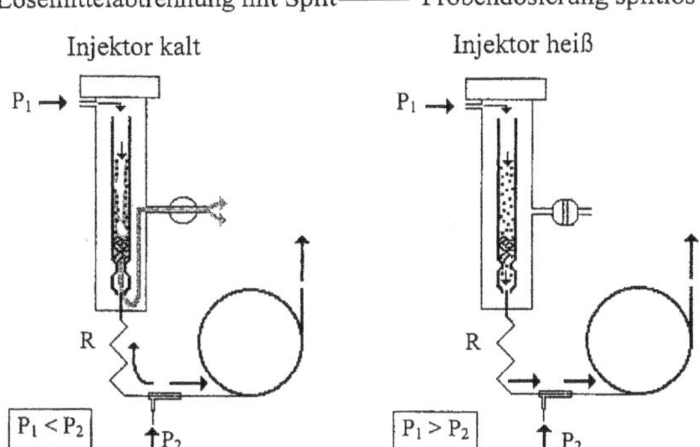

Abb. 11: Lösungsmittelabtrennung durch Abblasen (Vent) [1]

Die Vorteile der PTV – Injektion liegen also darin, dass es keine fraktionierte Verdampfung aus einer heißen Spritzennadel gibt. Durch das Verfahren der Lösungsmittelabtrennung kommt es nicht zu einem Säulenfluten, also ist keine Leerkapillare, wie bei einem Backflush – Verfahren, erforderlich. Des Weiteren gibt es keinen plötzlichen Druckanstieg beim Verdampfen des Lösungsmittels wenn der Split geändert wird. Ein anderer Vorteil liegt in der linearen Strömung im Injektor bei der Splitless Probenüberführung, so dass keine Rückdiffusion stattfinden kann [1].

Der wichtigste Parameter, der bei dieser Methode optimiert werden muss, ist die Abblaszeit (Vent – Time). Dies wird in Abschnitt 5.1.3. für die vorliegende Methode beschrieben. Eine Möglichkeit der Vent – Time – Einstellung ist die Überwachung des Splits mittels eines Wärmeleitfähigkeitsdetektor (WLD). Dieser detektiert die Menge des Lösungsmittels, die durch den Split nach draußen transportiert wurde. Ist der größte Teil verdampft und das Signal des WLD sinkt unter einen bestimmten Schwellenwert, wird der Split geschlossen. Eine andere Möglichkeit ist die manuelle Eingabe der Abblaszeit [5].

4. Experimentelles

4.1 Parameter

<u>4.1.1 Geräte</u>

Mit dem **CombiPAL Autosampler** der Firma CTC Analytics (CH) gesteuert über das Programm Cycle Composer wurde die automatisierte Probenentnahme und Injektion durchgeführt [13].

Der **Optic 3** von ATAS GL Science (NL) gesteuert durch die ATAS Evolution Workingstation hat die Möglichkeit eine Split –, Splitlose – und Large Volume – Injection sowie eine Thermodesorption durchzuführen. Dabei können bei der Large Volume Injection bis zu 250 µL Probe injiziert werden [13].

Die im **Gaschromatographen Trace GC Ultra** der Firma Thermo Electron verwendete Kapillarsäule FactorFour 5 MS (30 m x 0.25 mm x 0.25 µm, Varian Inc.) enthält ein Polysiloxangerüst mit 5 %igem Phenylanteil und wurde mit Helium als Trägergas verwendet. Als Interface zwischen GC und MS wird eine direkte Kopplung genutzt, wobei das Ende der Trennsäule bis an die Ionenquelle des Massenspektrometers vorgeschoben wird, sodass die gesamte Probe direkt in die Ionenquelle gelangt [13].

Das **Massenspektrometer Trace DSQ II** besitzt einen gebogenen Vorfilter – Quadrupol und einen geraden Haupt – Quadrupol. Die maximale Geschwindigkeit der Scans des DSQ II liegt bei 10.000 amu/s. Damit ist es möglich, bis zu 10 Spektren pro Sekunde in einem Massenbereich von 50 – 500 aufzunehmen [13].

<u>4.1.2 Chemikalien</u>

Für die Durchführung wurde Cyclohexan, Acetonitril und destilliertes Wasser p.a. der Firma Merck (Darmstadt, Deutschland) verwendet. Der PCB – Mix (100 pg/µL) war in Acetonitril gelöst und enthielt folgende PCB nach Ballschmiter: 28, 52, 101, 123, 138, 153 und 180. Für die anschließende Extraktion fanden drei verschiedene Schläuche Verwendung:

Schlauch 1: Hochtemperaturschlauch (2,8 mm x 4,8 mm)

OBI – Baumarkt

Schlauch 2: Hochtemperaturschlauch (3,5 mm x 4,5 mm); Nr. 28731

Reichelt, Chemietechnik GmbH (Heidelberg, Deutschland)

Schlauch 3: Analysenschlauch (3,5 mm x 4,3 mm); Nr. 14211

Reichelt, Chemietechnik GmbH (Heidelberg, Deutschland)

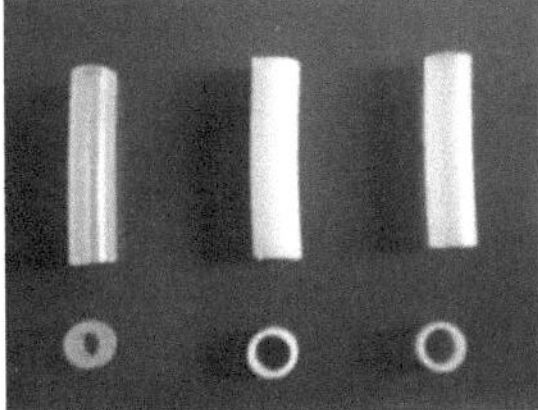

Abb. 13: Die verwendeten Schläuche (v. l. n. r. Schlauch 1, 2 und 3)

4.2 Extraktion

Die Silikonschläuche wurden in 1 cm lange Stücke geschnitten. Im Gegensatz zum Twister, der komplett aus PDMS besteht, ist die chemische Zusammensetzung der Silikonschläuche nicht genau bekannt; sie bestehen unter anderem aus etwa 70 % PDMS.

Es wurden 10 mL der wässrigen Probe (5 µL PCB – Mix (100 pg/µL) in 10 mL destilliertem Wasser) in ein 15 mL – Vial gefüllt und mit dem Silikonschlauch versetzt. Für die Extraktion wurden die Vials für 40 min bei 25 °C vertikal geschüttelt. Anschließend wurden die Schlauchstücke mit einer Pinzette aus der Probe entfernt, auf einem Papiertuch getrocknet und in ein 2 mL – Vial überführt. Zu diesem kleineren Vial wurden 500 µL Cyclohexan hinzupipettiert. Die Desorption wurde dann in einem beheizbaren Schüttelblock bei 45 °C für 15 min durchgeführt.

4.3 GC/MS – Methoden

4.3.1 Splitless – Injektion

Bei der Splitless – Injektion wurde 1 µL der PCB – Lösung mit einer Konzentration von 1 ng/µL (1 ng absolut) injiziert. Diese Methode wurde verwendet, um einen Vergleich mit der LVI zu bekommen und um die absoluten Mengen und die Wiederfindungsrate zu bestimmen.

Der Injektor wurde mit folgenden Parametern betrieben:

Endzeit	20 min
Anfangstemperatur	70 °C
Anstiegsgeschwindigkeit	10 °C/s
Endtemperatur	250 °C
Säulenfluss	1.5 mL/min
Splitlesszeit	60 s
Splitfluss	25 mL/min

<u>4.3.2 Large Volume Injection</u>

Bei der LVI – Methode wurden 100 µL der Pestizidlösung mit einer Konzentration von 10 pg/µL mit Hilfe des CombiPAL in einen speziellen Glasliner injiziert. Auf diese Weise wurden in beiden Methoden 1 ng absolute Substanz verwendet. Bei dem Glasliner handelte es sich um einen mit Chromosorb – Material gefüllten Frittliner.

Die Einstellungen des Injektors waren, wie folgt:

Endzeit	13 min
Anfangstemperatur	70 °C
Anstiegsgeschwindigkeit	10 °C/s
Endtemperatur	250 °C
Vent – Zeit	60 s als Standard (38 s, 40 s, 43 s zur Optimierung)
Säulenfluss	1.5 mL/min
Ventfluss	100 mL/min
Splitlesszeit	90 s
Splitfluss	25 mL/min

Die GC – Parameter waren bei beiden Methoden gleich und wurden, wie folgt, gewählt:

Anfangstemperatur	70 °C (isotherm für 1 min)
Anstiegsgeschwindigkeit	20 °C/min
Endtemperatur	200 °C
Gesamtzeit	15 min

<u>4.3.3 Full Scan – und SIM – Methode</u>

Die Proben wurden in der **Full Scan – Methode** analysiert, um einen Überblick über die Retentionszeiten, die einzelnen Ionen und den Untergrund zu bekommen. Dabei wurde für die Aufnahme vollständiger Massenspektren ein Scanbereich von 50 amu bis 500 amu benutzt. Um die Substanzen an Hand ihrer Spektren zu identifizieren, wurden die interne Firmendatenbank für Pestizide und die Datenbank NIST (National Institute of Standards and Technology 2007) verwendet.

Zuerst wurden alle Proben im Full Scan gemessen und dann im nächsten Schritt per **SIM – Methode** quantifiziert. Dabei wurden bei der NCI folgende, signifikante Massen für die einzelnen PCB verwendet (s. Tabelle 2).

PCB-Nr.	m/z Ionen
101	324, 326, 328
123	324, 326, 328
138	358, 360, 362
153	358, 360, 362
180	392, 394, 396, 398

Tabelle 2: Massen für die NCI SIM – Methode

Bei dieser Methode muss zu jedem gewählten m/z des Ions ein Zeitfenster und die Messzeit (dwelltime) gesetzt werden (s. Abb. 14). Die dwelltime gibt an, wie lange das Signal eines bestimmten Ions aufsummiert wird. Je länger diese dwelltime ist, desto mehr wird das Rauschen herausgemittelt. So bleibt die Signalhöhe gleich, aber das Signal zu Rausch (S/N) Verhältnis wird merklich verbessert und die Empfindlichkeit steigt, im Gegensatz zum Full Scan, stark an.

Bei beiden Methoden wurden nur negative Ionen detektiert. Die Parameter des Massenspektrometers (EI – Ionenquelle bei 230 °C, NCI – Ionenquelle bei 180 °C, Transferline bei 320 °C, Startzeit des Massenspektrometers bei 10 min und Endzeit der Detektion nach 13 min) waren bei beiden Methoden gleich.

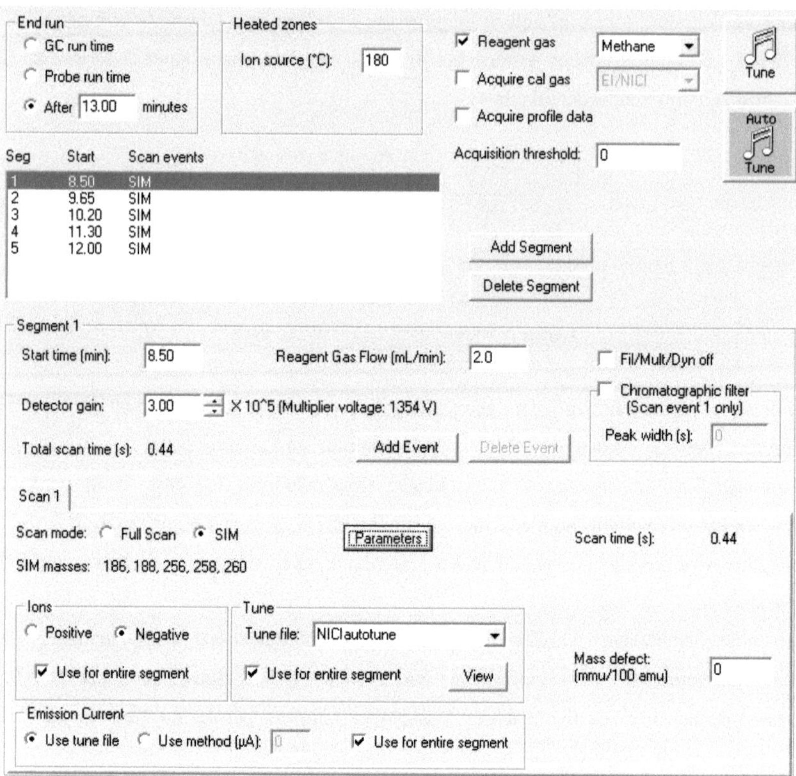

Abb. 14: XCalibur – Fenster zur SIM – Methoden Einstellung

5. Ergebnisse und Auswertung

Für die durchgeführte Extraktion und die anschließende Analyse mittels des GC/MS – Systems wurden spezielle Parameter systematisch optimiert. Um diese Verbesserungen durchführen zu können, wurden erst 1 µL des PCB – Standardmixes (100 pg/µL) mittels einer Splitless – Methode im Full Scan – Modus injiziert. Auf diese Weise konnten die einzelnen PCB identifiziert und die entsprechenden Retentionszeiten notiert werden (s. Tabelle 3).

PCB-Nr.	Retentionszeit (min)
101	10,62
123	11,23
138	11,42
153	11,68
180	12,30

Tabelle 3: Retentionszeiten der PCB

Nach der Full Scan – Methode konnte für eine Quantifizierung eine SIM – Methode verwendet werden. Auch bei dieser Methode konnten die Retentionszeiten in Übereinstimmung mit dem Full Scan ermittelt werden (s. Abb. 15).

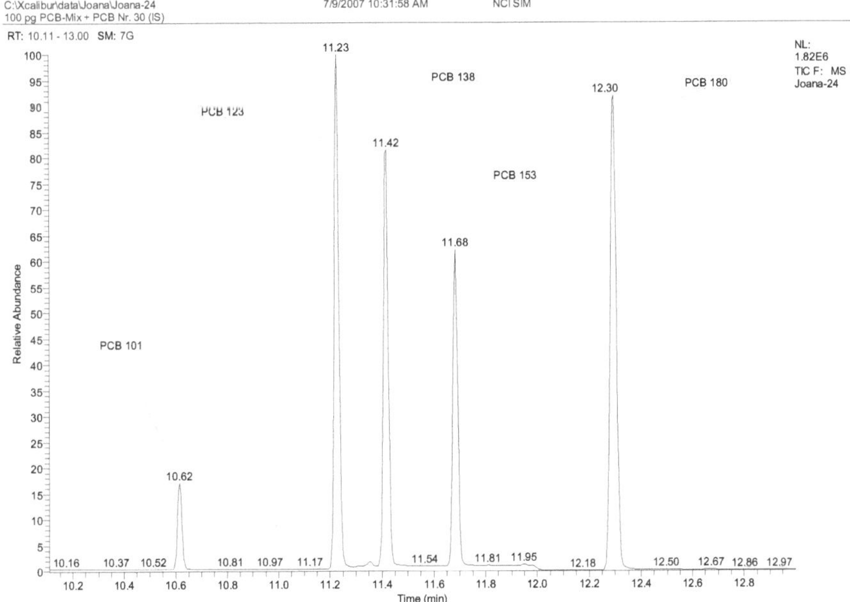

Abb. 15: SIM – Scan von 1 µL des PCB – Mixes mit Retentionszeiten

Im ersten Optimierungsschritt wurde die Ionisierungsquelle von EI auf NCI verändert. Dies hatte zur Folge, dass gerade die beiden leichtesten PCB nicht mehr detektionsfähig waren. In den höheren Massenbereichen spiegelte sich die Veränderung in der höheren Signalstärke in Matrix und somit in der besseren Quantifizierung aber positiv wieder. Außerdem wurde die Vent – Time auf die größtmöglichste Peakfläche in einem Zeitintervall optimiert und die Verbesserung der Extraktion, durch die Benutzung dreier verschiedener Schläuche durchgeführt.

5.1 Optimierung der Parameter

5.1.1 EI vs. NCI

Die ersten PCB Messungen mit EI – Ionenquelle wurden durch Matrixeinflüsse des Lösungsmittels und der Schläuche gestört, sodass es Schwierigkeiten bei der Detektion der PCB gab. Wie in Abbildung 16 zu sehen ist, wurden diese bei allen drei Schläuchen im Chromatogramm nicht bzw. nur mit viel zu geringen Peakflächen detektiert. Ein Vergleich mit den Retentionszeiten aus Tabelle 3 zeigt, dass die PCB – Peaks bei den oben genannten Zeiten im Spektrum nicht zu finden sind oder von anderen Peaks überlagert werden. Die vorhandenen Peaks sind Polysiloxane oder sie werden anderen Weichmachern, die im Schlauch vorhanden sind zugeordnet.

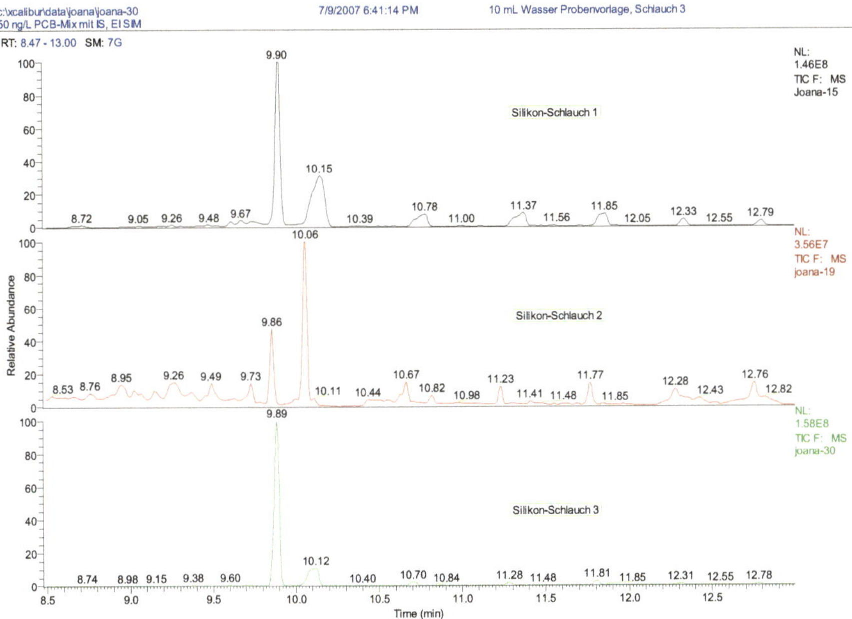

Abb. 16: EI – Chromatogramme der Extraktionsversuche mit den drei Schläuchen

Der Grund, warum die PCB nicht wieder zu finden sind, liegt in den Einflüssen der Matrix, die eine große Rolle spielt.

Da der Einsatz der CI vor allem bei der Bestätigung oder Ermittlung von Molmassen sehr hilfreich ist, wurde die Ionisierungsmethode geändert. Auf Grund des hohen Chloranteils der PCB war die Negative Chemische Ionisation das Mittel der Wahl. Die Chloratome, die an die Phenylringe gebunden sind, können bei der Entstehung eines negativen Ions die Ladung gut stabilisieren. Dabei ist die Stabilisierung umso höher, je mehr Chloratome an den beiden Ringen gebunden sind. In Abbildung 17 ist zu erkennen, dass aus diesem Grund vor allem die hoch chlorierten PCB sehr gut analysiert werden können. Die kleineren PCB mit nur drei oder vier Chloratomen können die negative Ladung nicht genügend stabilisieren, sodass sie kaum zu detektieren sind. Aus diesem Grund wurden bei den folgenden Betrachtungen auch nur noch die fünf schwereren PCB des PCB – Mixes untersucht.

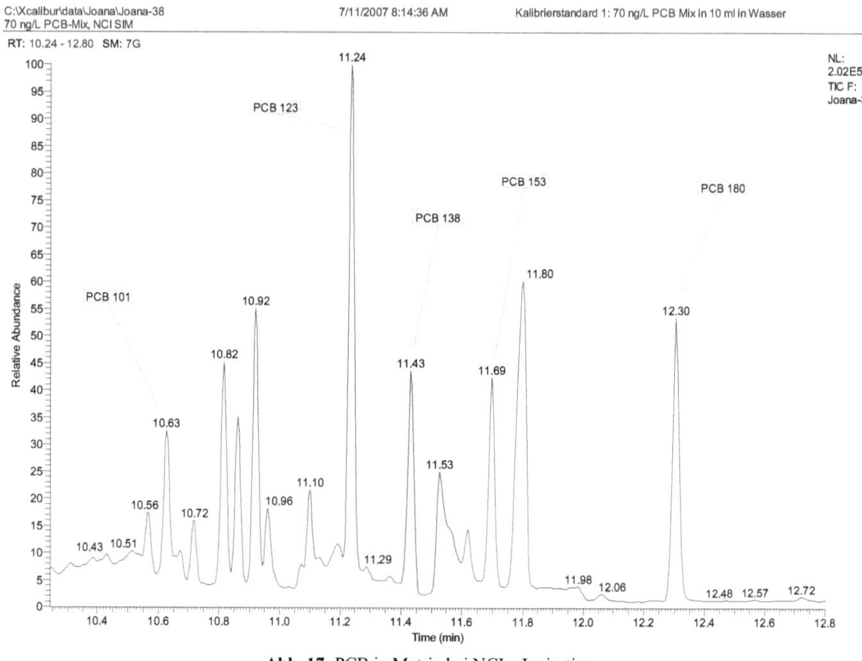

Abb. 17: PCB in Matrix bei NCI – Ionisation

Da bei der Messung in Abbildung 17 die PCB in Matrix vorlagen und beim Vergleich mit den oben genannten Retentionszeiten keine Abweichungen auftraten, kann davon ausgegangen werden, dass die Matrixeinflüsse auf die Retentionszeiten bzw. die Detektierbarkeit hier weitaus geringere Bedeutung haben.

Bei den Messungen und Kalibrierungen wurde daher für die höher substituierten PCB die NCI verwendet.

<u>5.1.2 Vent – Time</u>

Da die Vent – Time ebenfalls ein Parameter ist, der starken Einfluss auf die Messergebnisse hat, ist seine Optimierung ebenfalls von großer Bedeutung. Wenn diese Zeit zu kurz ist, sich also noch eine größere Menge an Lösungsmittel bei geschlossenem Split im Liner befindet, kann es während der rapiden Erhitzung schlagartig verdampfen. Dabei wird ein Druckimpuls ausgelöst, der im schlimmsten Fall das Packungsmaterial des Liners zerstört und so eine Verunreinigung des Systems hervorrufen kann, einschließlich der gesamten MS Apparatur. Ist die Zeit allerdings zu lang, wird der Liner durch das zu lange Verdampfen austrocknen. Dadurch, dass dann kein Lösungsmittel mehr verdampft, verschwindet auch die kalte Zone, der die Analyten zurückhält und so auf dem Liner sammelt. Unter diesen Bedingungen können auch Analyten durch den Trägergasstrom mit aus dem Split entfernt werden. Aus diesen Gründen ist es notwendig, die Vent – Time möglichst präzise zu wählen. Bei einer ideal eingestellten Vent – Time schließt der Split dann, wenn sich der Lösungsmittelanteil im Bereich weniger Mikroliter befindet. Im Chromatogramm kann eine falsch gewählte Vent – Time an schlechten Peakformen erkannt werden.

Bei den unterschiedlichen Abblaszeiten können quantitative Änderungen in den Flächen der Peaks beobachtet werden (s. Abb. 18). Die Abblaszeiten wurden in der Zeitspanne von 38 s bis 60 s untersucht.

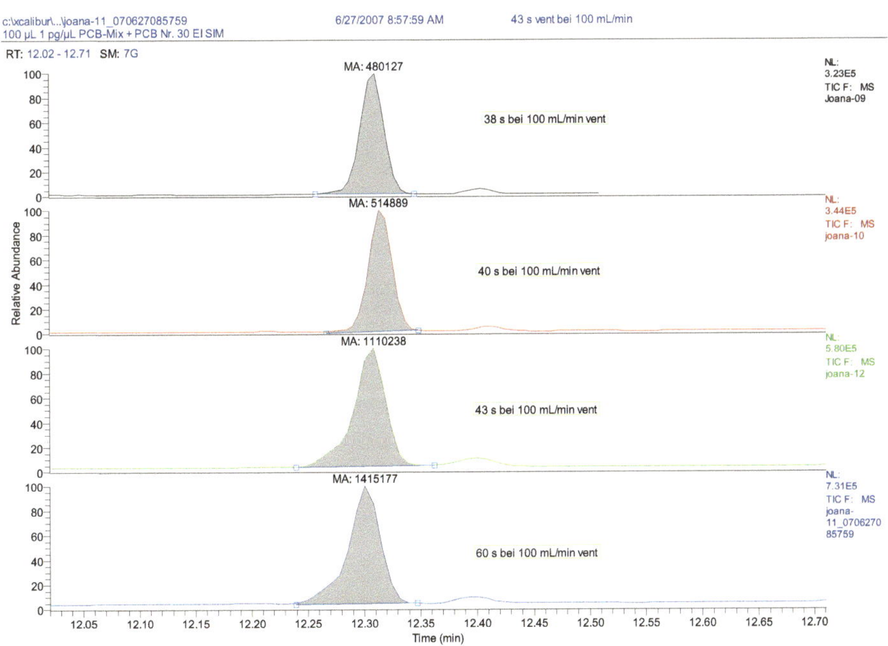

Abb. 18: Bestimmung der Peakflächen bei unterschiedlichen Abblaszeiten

Die Flächen der verschiedenen Peaks wurden nach dem Integrieren in Abbildung 19 graphisch dargestellt. Nach 60 s wurde ein für die vorliegenden Messungen optimaler Wert erreicht, sodass für alle anderen Messungen als Vent – Time 1 min genommen wurde.

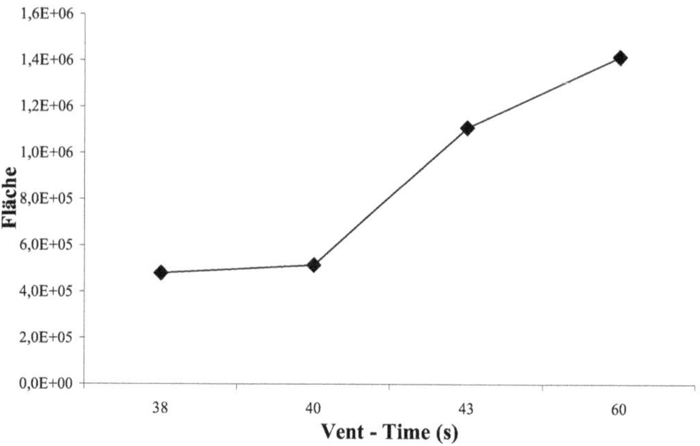

Abb. 19: Auftragung der Peakfläche gegen die Vent - Time

<u>5.1.3 Schlaucharten</u>

Es wurden drei verschiedene Schlaucharten für die Silikonextraktion benutzt. Der Analysenschlauch der Firma Reichelt war am besten für die Extraktion geeignet. Bei diesem Schlauch konnte in den aufgenommenen Chromatogrammen der geringste Untergrund gemessen werden. Wie auch an Hand der EI – Spektren aus Abbildung 16 ersichtlich ist, reduzierten sich die Matrixbestandteile derart, dass die PCB, selbst in sehr geringen Mengen (10 ng/L) noch quantitativ und qualitativ bestimmt werden können. Der Hochtemperaturschlauch aus dem OBI – Baumarkt enthielt dagegen sehr viele Polysiloxane, die bei der Desorption mit in die Probe gelangt sind. Dadurch fällt eine Analyse mit diesem Schlauch sehr schwer, da der Untergrund im Vergleich zu den anderen Versuchen sehr hoch ist (s. Abb. 16). Zu bemerken ist noch, dass sich alle Schläuche bei der Desorption stark mit Lösungsmittel voll gesaugt haben und so um das Doppelte an Volumen zugenommen haben.

5.2 Beurteilung der Methode

Die Auswertung für die quantitative Analyse basiert im Allgemeinen auf dem Vergleich von Peakfläche/-höhe der Probe mit einem Standardpeak. Bei der Verwendung von Kapillarsäulen, wie in diesem Fall, sind die großen Peaks schnell überladen, sodass die Peakhöhe nicht mehr proportional mit der Menge wächst. Eine Analyse der Peakflächen wird vorgezogen, da die Rauschmittlung der Flächen bei abgesenktem Signal noch ausreichende S/N Verhältnisse liefert. Für die eigentliche Auswertung können verschiedene Verfahren, wie die Hundert – % – Methode, eine Mehrpunkt – Kalibration mit einem externen oder einem internen Standard (IS) verwendet werden [1].

Bei letzterer werden sowohl den Kalibrierstandards also auch den Proben eine zusätzliche Substanz, die in keiner der beiden Lösungen enthalten ist, in einer bestimmten, immer gleichen Menge hinzu gegeben. Dieser interne Standard dient dann bei der Auswertung als Referenzgröße, um die enthaltenen Chromatogramme quantitativ miteinander vergleichen zu können. Ein IS sollte dem Analyten chromatographisch und chemisch ähneln und in größtmöglicher Reinheit verwendet werden.

5.2.1 Mehrpunkt – Kalibration (Externer Standard)

Die Kalibrierung mit Standardlösungen extern von der Probe ist die am häufigsten verwendete Kalibriermethode. Von den zu bestimmenden Analyten (PCB – Mix) werden bekannte, verschieden konzentrierte Lösungen hergestellt, die als Standardproben dienen. Diese sollten den zu erwartenden Konzentrationsbereich der Probe erfassen. Sie werden vermessen und zur Aufstellung der Kalibrierfunktion genutzt. In den meisten Fällen wird über den gemessenen Konzentrationsbereich eine lineare Kalibrierfunktion durch die Methode der Minimierung der quadratischen Abweichung erstellt. Die Steigung der Kalibriergeraden stellt dann die Empfindlichkeit des Analysenverfahrens dar. Dieses Verfahren der Mehrpunkt – Kalibration wird daher zur Methodenvalidierung durchgeführt, wobei ein linearer Zusammenhang zwischen Probenmenge und Fläche hergestellt wird. Der Analytgehalt der Probe wird anschließend unter denselben Bedingungen wie die Standards gemessen und errechnet [1].

Der Vorteil dieser Methode ist die sehr gute Eignung für den Routinebetrieb, da die Standardlösungen meistens wieder verwendbar sind und die Reproduzierbarkeit bei allen Analyseschritten sehr hoch ist. Der größte Nachteil liegt in der nur schweren Erkennung von systematischen Fehlern [1].

Es wurden Kalibriergeraden in einem Konzentrationsbereich von 10 ng/L bis 100 ng/L aufgenommen. Die Dosiermenge blieb dabei gleich und nur die Konzentration des Stoffs wurde verändert. Bei allen fünf untersuchten PCB sind die Geraden im gesamten Bereich ausreichend linear und das Bestimmtheitsmaß fast 1 ($R^2 \approx 0{,}98$) (s. Abb. 20). Für die Bestimmung der Konzentration wurden die Kalibriergeraden des externen Standards benutzt. Aus dem Verhältnis von Menge und Peakfläche wurde so die Konzentration ermittelt.

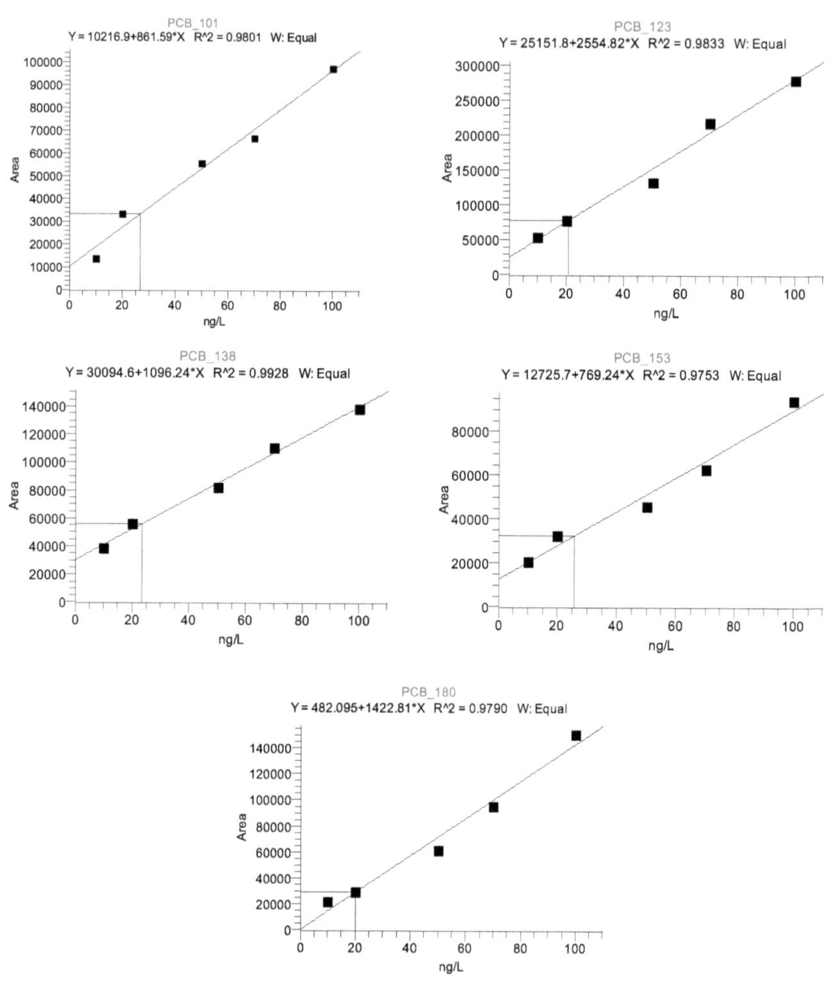

Abb. 20: Kalibriergeraden der einzelnen PCB

5.2.2 Bestimmung der Nachweis- und Bestimmungsgrenze

Beide Grenzwerte werden über eine Abschätzung ermittelt. Das S/N Verhältnis der Bestimmungsgrenze (BG) liegt bei 10 und das der Nachweisgrenze (NWG) bei 3. Die NWG bzw. BG liegen also im Bereich zwischen 5 und 10 ng/L, also einem Spurenbereich der in der Analytik typischerweise gewählt wird.

6. Zusammenfassung

Die Polysiloxan – basierte Extraktion und Rückextraktion mittels organischer Reagenzien in Kombination mit der LVI – GC/MS stellt eine lösungsmittelreduzierte Alternative für die Extraktion und Analyse organischer Schadstoffe in wässrigen Lösungen dar.

Zur Evaluierung der Analysenmethode und der verwendeten Parameter wurden die Versuche mit Hilfe von PCB – Lösungen durchgeführt. Es wurden zuerst durch eine 1 µL – Injektion die Retentionszeiten der vorhandenen PCB aufgenommen. Anschließend wurde die LVI – Methode so erstellt, dass die Analysenergebnisse mit den vorherigen vergleichbar waren. Für eine bessere Trennung der einzelnen PCB – Peaks vom Untergrund wurde die Ionisierungsart gewechselt. Da die EI – Methode eine zu starke Störung durch Matrixbestandteile hervorrief, ist die NCI – Ionisierung gewählt worden. Die Analytpeaks waren dabei deutlich höher und konnten von den Komponenten aus dem Schlauchmaterial gut getrennt werden. Zusätzlich wurde durch die genaue Einstellung der Vent – Time, die Probenanreicherung im Liner optimiert. Denn nur bei einer richtigen Dosierung werden schmale und symmetrische Peaks im Chromatogramm erhalten.

Die Optimierung der Extraktionsmethode lag insbesondere auf der Verwendung dreier unterschiedlicher Schlaucharten. Bei allen Schläuchen war eine deutliche Volumenzunahme erkennbar, und im Chromatogramm wurden erhebliche Mengen an Substanzen des Schlauchmaterials analysiert. Es zeigte sich, dass der Analysenschlauch der Firma Reichelt die geringsten Mengen an Schlauchbestandteilen freisetzte und somit für diese Analysenmethode am besten geeignet ist.

Die Extraktion und die anschließende Rückextraktion sind somit einfach zu handhaben, es werden keine besonderen Materialien für die Durchführung benötigt; die Schläuche können als preisgünstige Meterware gekauft werden. Daher ist diese Methode günstiger und auch weitaus zeitsparender, die Extraktions- bzw. Desorptionszeiten betragen nur 40 min bzw. 15 min, als die herkömmlichen Verfahren mittels z.B. Twister. Des Weiteren liegen die NWG und BG im ng/L – Bereich und weisen eine gute Linearität auf.

Bei der vorgestellten Methode wird nur ein manueller Schritt, die Überführung des Silikonschlauches von der Wasserprobe in das Vial für die Rückextraktion, durchgeführt.

Auch wenn dies möglicherweise ein kleiner Nachteil zu anderen voll automatisierten Methoden ist, können hier durch die kurze Probenvorbereitung und Messung in derselben Zeit mehr Proben analysiert werden.

Ein anderer Punkt ist die Flexibilität der Methode, da die Silikonschlauchlänge dem entsprechenden analytischen Problem angepasst werden kann. So können längere Schläuche für höhere Konzentrationen verwendet werden und umgekehrt.

7. Ausblick

Mit der entwickelten und durchgeführten Methode ist es nun möglich, auf eine preiswerte und einfache Weise für schwere bzw. hochsubstituierte PCB aus wässriger Matrix zu analysieren und quantifizieren. Die Beobachtungen und Ergebnisse dieser Arbeit sind für einen Vergleich mit anderen experimentellen Werten nur unter Vorbehalt möglich. Es müssten bei der Extraktion und auch bei der GC/MS – Analyse noch weitere Parameter optimiert werden.

Bei der Extraktion könnten, neben dem Vergleich verschiedener Schläuche, auch ihre Länge und ihr Zustand untersucht werden. Vielleicht können nennenswerte Verbesserungen erzielt werden, wenn der Schlauch vorher konditioniert wird. Des Weiteren können andere Lösungsmittel für die Desorption benutzt und auch die Desorptions- und Extraktionszeit untersucht werden. Möglicherweise führt eine Salzzugabe oder die Einstellung eines passenden pH – Wertes zu einer Verbesserung der Wiederfindungsrate der Analyten.

Für die Optimierung der GC/MS – Analyse gibt es viele Ansätze, auch diese zu verbessern. Im Vordergrund steht dabei die Ausweitung der Analyse auf leichtere PCB und gegebenenfalls auch auf andere Schadstoffe. Des Weiteren kann die LVI – Methode an sich optimiert werden. Neben der Vent – Time, sind auch die Vent – Temperatur und das Packungsmaterial des Liners wichtige Parameter die es zu verbessern gilt.

Um die auf diese Weise optimierte Methode auf ihre Durchführbarkeit zu testen, liegt es nahe Realproben zu analysieren. Dies war aber im Rahmen dieser Arbeit nicht möglich.

Zusammenfassend kann davon ausgegangen werden, dass bei weiterer Optimierung das System in der Lage ist, mit anderen Methoden, wie z.B. dem Twister, im Bezug auf die Empfindlichkeit und Leistungsfähigkeit, mitzuhalten, wobei ein wesentlicher Vorteil dieser Methode im äußerst guten Preis/Leistungsverhältnis der Probenvorbereitung liegt…

8. Quellenverzeichnis

[1]   B. Kolb, *Gaschromatographie in Bildern*, VCH, Weinheim, **2003**

[2]   H. Budzikiewicz, M. Schäfer, *Massenspektrometrie*, VCH, Weinheim, **2005**

[3]   GC/MS-Handbuch Axel Semrau GmbH & Co.KG, **2003**

[4]   M. Schellin, P. Popp, *Application of a polysiloxane-based extraction method combined with large volume injection-gas chromatography-mass spectrometry of organic compounds in water samples*, J. Chromatogr. A 1152, **2007**, 175-183

[5]   H.-G. Janssen, E. Kaal, G. Alkema, *Large Volume Injections – Training guide*, ATAS GL Sciences Company

[6]   H.-G. Janssen, *Sample Introduction in Capillary Gas Chromatography*, ATAS International B.V., **1996**

[7]   H. Fiedler, O. Hutzinger, C. Lau, S. Schulz, C. Wagner, *Stoffbericht Polychlorierte Biphenyle (PCB)*, Landesanstalt für Umweltschutz, Karlsruhe, **1995**

[8]   http://www.umweltbundesamt.de/abfallwirtschaft/sonderabfall/polychlorierte-biphenyle.htm (Abgerufen im August **2007**)

[9]   http://www.scientificjournals.com/sj/ufp/Abstract/ArtikelId/959   (Abgerufen im August **2007**)

[10]   J. Pawliszyn, *Solid Phase Microextraction: Theory and Practice*, VCH, New York, **1997**

[11]   P. Popp, C. Bauer, P. Keil, L. Montero, M. Schellin, *Einsatzmöglichkeiten der Stir Bar Sorptiven Extraktion (SBSE) und der Extraktion mit Silikonstäben (Rod Extraction) zur Analyse von PAHs, PCBs und PSM-Wirkstoffen in Umweltproben*, Umweltforschungszentrum, Leipzig, **2006**

[12]   Gerstel GmbH & Co, *Gerstel – Twister Bahnbrechend: GC-Analytik ohne Probenvorbereitung*, **2000**

[13]   R. Bieda, *Entwicklung einer Methode zur automatischen spurenanalytischen Bestimmung umweltrelevanter Pflanzenschutzmittelrückstände in aquatischer Umweltmatrix - Festphasenextraktion, Large Volume Injektion, GC/MS*, Bochum, **2006**

[14]   W. S. Sheldrick, *Methoden der Analytischen Molekülspektroskopie*, Bochum, **2005**